Nature
U0266180

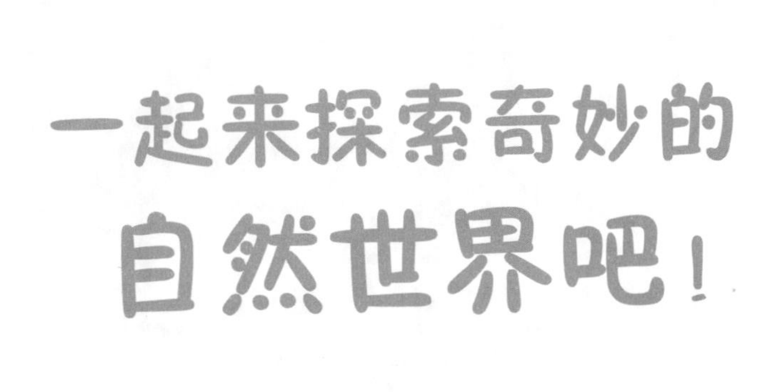

我们的地球幅员辽阔，有70亿人居住在不同的地方。你住在温暖的南方，还是寒冷的北方？你想象过别的地方的小朋友生活在什么样的环境中吗？想了解更多的自然环境吗？快快加入我们，开始奇妙的自然之旅吧！

自然界的景观真是包罗万象！炎热的沙漠，寒冷的高峰，无边的草原，深深的海底，是什么造成了这么多不同的自然景观？喜欢自然的你，一定很想知道：世界上最高的山是什么？最长的河流在哪里？最咸的湖是什么？最热的地方是哪里？最寒冷的地方有人居住吗？……

打开本书，就是打开一个精彩世界。本书将呈现给你一个从未领略过的大自然。不仅如此，你还会惊喜地发现，这趟自然之旅你可不是孤单一人！你最喜爱的迪士尼小伙伴们将陪伴你一起遨游、探索奇妙的自然。

先来认识一下迪士尼的朋友们吧！

欢迎加入神奇的自然之旅，让我们先认识一下旅途中的朋友吧！他们将以自己独特的方式，帮助我们更好地去了解大自然。

熊、**辛巴**和**尼莫**可是负责本次旅行的导游！熊将带我们见识各种各样的森林，辛巴将带领我们走遍平原、高山和沙漠，尼莫将带领我们见识各种水体！

泰山、**狒狒**和**龟龟**将以他们独特的视角，带领我们观察自然，介绍一些世界记录的保持者！

在每一章的后面，还有精彩的互动游戏！

还有几位别的好朋友也会一路陪伴我们，让我们的自然之旅更加精彩！

图书在版编目 (CIP) 数据

自然万花筒 / 美国迪士尼公司著；史金玉译. --
南京：江苏凤凰少年儿童出版社, 2014.12
（迪士尼精彩世界：升级版）
ISBN 978-7-5346-8919-2

Ⅰ.①自… Ⅱ.①美… ②史… Ⅲ.①自然科学－儿童读物 Ⅳ.①N49

中国版本图书馆CIP数据核字(2014)第299574号

合同登记号：图字10-2012-67

书　名	迪士尼精彩世界（升级版）. 自然万花筒
出版发行	凤凰出版传媒股份有限公司 江苏凤凰少年儿童出版社 凤凰阿歇特文化发展（北京）有限公司
地　址	南京市湖南路1号A楼，邮编：210009
经　销	凤凰出版传媒股份有限公司
印　刷	南京新世纪联盟印务有限公司 （南京市江宁区诚信大道88号华瑞工业园7栋）
开　本	889×1194毫米　1/16
印　张	5
版　次	2014年12月第1版　2014年12月第1次印刷
书　号	ISBN　978-7-5346-8919-2
定　价	24.00元

（图书如有印装错误请向出版社出版科调换）

Written by Thea Feldman
Fact-checked by Barbara Berliner

自然万花筒

"迪士尼学而乐"经典少儿百科

迪士尼精彩世界

（升级版）

江苏凤凰少年儿童出版社 | 凤凰阿歇特 hachettephoenix

目录

欢迎来到

奇妙的自然世界

我们周围的大自然

自然是指地球上的自然景观，比如森林、山脉和河流等。自然由动植物和它们居住的环境构成。

生态系统

生态系统由土壤、水源、植物和动物组成，它们是相互依存的。比如，没有树木，就不会有森林；没有昆虫，森林也不会是现在的样子。鸟类捕食昆虫和其它动物，它们也是森林的重要组成部分。在大草原上，斑马和羚羊以草为生，它们同时也是狮子、猎豹和其它捕食者的食物。海底世界也不例外，珊瑚不但组成了美丽的珊瑚礁，还能帮助海藻茂盛地生长。有了海藻，小鱼就有了赖以生存的食物，而小鱼长得好，大鱼和其它以它们为食的动物就不会挨饿。你看，每个成员都十分重要，不管缺少谁，生态系统都有可能失去平衡，甚至被毁灭。

栖息地

动物生活的地方叫作栖息地。在一个森林生态系统中，一棵树就是一个栖息地，松鼠、昆虫和猫头鹰等许多动物都依靠它生活。湿地几乎是所有动物的栖息地，短吻鳄、水鸟和鱼都以它为家。我们的栖息地是房子或公寓，如果家发生变化，我们的生活也会改变。你有没有遇到过自己很饿，可是家里没有东西吃的情况呢？在这种时候，为了填饱肚子，你必须离开家去寻找食物。动物也一样，因此，一个稳定的、食物丰盛的栖息地对它们来说是非常重要的。

气候变化

气候变化是一种自然现象，会导致植物生长和动物生活方式的改变。从远古到现在，地球的气候一直在变化中。因此，动物和植物对气候的变化是有一定适应能力的。但是现在，人类为了取得能量，大量燃烧煤和石油，并将燃烧后产生的二氧化碳等废气排放到空气中，这可能导致了地球快速变暖。很多科学家都担心，这种情况如果不加控制，自然世界将无法保持平衡！

你想为保护自然出份力吗？如果答案是肯定的，就一起来探索这奇妙的自然吧！因为只有尽可能多地了解它，我们才能做得更好！

第一章

森 林

欢迎来到辽阔的大森林，你是不是感觉到空气变得清新起来了！森林是我们宝贵的资源，它像一台巨大的“氧气制造机”，供给我们赖以生存的氧气。不仅如此，它还为动物和人类提供了丰富的养分和栖息地。

你知道世界上最大的森林在哪里吗？你知道世界上最大的树是什么吗？你知道动物们最喜欢选择什么样的森林安家吗？你知道有一小族人世世代代生活在最寒冷的森林里吗？

带着这些问题，让我们向森林出发！

森林

地球上大约有31%的土地被森林覆盖着。北方有适应寒冷气候的针叶林，温带有四季常青的温带森林，热带有喜欢潮湿炎热天气的热带雨林。每一片森林对植物、动物和人类来说，都是十分重要的！

EUROPE
欧洲
ASIA
亚洲
PACIFIC
太平洋
AFRICA
非洲
INDIAN
印度洋
AUSTRALIA
大洋洲
ANTARCTICA
南极洲

针叶林

“噢，泰山，这儿还真够……冷的！”

地球上三分之一的森林都是针叶林，因为多位于欧洲和北美洲的北部，它们又被称为“北方森林”。

由于生活在非常靠北的地方，针叶林每年都要经历漫长、寒冷而又多雪的冬天。

加拿大萨斯喀彻温省北部的针叶林

挪威云杉

针叶林里的树木

冷杉、云杉和各种松树是针叶林里最常见的树种，它们属于树木中的松柏科。由于针尖样的树叶可以抵挡严寒，而且一年四季都不会掉落，所以它们又被人叫作“常青树”。松柏科树木不开花，而是直接结出球果。球果表面有坚硬的鳞皮保护里面的种子，当它足够成熟时，鳞皮就会软化裂开，让种子能够随风飘走。被风带走的种子在别的地方落地生根，长出新的树木。

针叶林生长在哪里？

针叶林生长在加拿大、美国的阿拉斯加、斯堪的纳维亚半岛和俄罗斯，大约覆盖了2000万平方千米的土地！在俄罗斯，针叶林被叫作“寒冷森林”！

针叶林中有四季吗？

针叶林中几乎只有冬天，那里的冬天长达8个月之久！在西伯利亚东部地区，冬天的气温会降到零下62摄氏度，一天大约只有2个小时的日照！那儿的春天、夏天和秋天都非常短暂。不过在夏天，它的日照时间长达22小时，几乎一整天都是白天。

针叶林

针叶林中的动物

"欢迎我的表亲——西伯利亚虎来到这片天寒地冻的土地！"

在冰雪覆盖下的针叶林里，往往很难找到食物。在这样恶劣的条件下，无论人类还是动物，想生存下去都是非常困难的。

西伯利亚虎是针叶林里的常住居民。

西伯利亚虎

生活在针叶林中的人

长期的严寒在针叶林的地表下造就了一层冻土，所以那里很难建造房屋和种植作物。但是，有一个族群——萨米人，在这种恶劣的环境中生存了下来。几千年来，他们一直生活在斯堪的纳维亚半岛和芬兰北部的针叶林中，所以这片地区也被称为“萨米”。除了萨米人，还有几个小族群生活在西伯利亚和加拿大的针叶林里，他们已经繁衍了好几代人。

和驯鹿在一起的萨米人

松貂

生活在针叶林中的动物

除了西伯利亚虎，还有别的动物生活在针叶林中吗？当然，而且比你想象的要多得多！针叶林中的哺乳动物包括山猫、猞猁、远东豹、狼獾、黑熊、灰熊、野鼠、驼鹿、松貂、貂、鼬鼠、雪兔、狐狸和狼等等。那儿的居民里还有鸟类中的麻雀、山雀、威雀、松鸡、野鸭和乌鸦。虽然对于大多数爬行动物来说，针叶林实在是太寒冷了，但是普通束带蛇和啮龟也能生活在那儿。

动物怎样过冬?

每种动物过冬的方式都不太一样，有些干脆选择离开！比如，一到冬天，挪威和北美洲的驯鹿会结伴往南迁移。到了天气转暖的时候，它们再回到老家。这样一个来回，旅程长达1600千米。而土拨鼠、松鼠等小动物则通过冬眠来度过漫长的寒冬。

冠蓝鸦

温带森林

温带气候四季分明，春天、夏天、秋天和冬天的时长也差不多。温带森林的分布比针叶林偏南得多。

秋天的森林

温带森林中的落叶植物

温带森林中的大多数树木都是落叶植物。每到秋天，它们的叶子会由绿色变为红色、黄色或棕色，并逐渐枯萎，最终从树上落下来。橡树、桦树和枫树等落叶植物整个冬天都是光秃秃的，直到春天，才会重新长出树叶。

桦树

秋天的树叶

为什么树叶的颜色会变化？

绿色的树叶能吸收阳光，制造养分，帮助树木在春、夏、秋三个季节里快速生长和储存养分。冬天是树木的休息期，它们不再需要树叶，而是依靠储存在树根中的养分存活。所以当天气转凉、阳光减少时，树叶的颜色会随之发生变化，逐渐枯萎，最后从树枝上脱落。

有些落叶植物是开花植物，它们的种子长在果实（比如苹果）或硬壳（比如橡子）中。

温带森林中还有哪些植物？

温带森林中的植物是分层生长的。最顶层叫作“树冠层”，生长在那儿的都是喜欢阳光的树木。树冠层以下是较矮的树木，它们需要的阳光要少些。再低一层是灌木层，最后是地面。野花、浆果、蕨类植物和苔藓都是生长在地面的植物。

野花

温带森林中的动物

"没错，这正是适合我们熊类生活的地方！"

因为天气相对温和美好，所以各种各样的动物，哺乳动物、鸟类、昆虫、爬行动物、两栖动物，甚至鱼类都把温带森林当做自己的家。

温带森林的冬天也是非常寒冷和多雪的。

赤狐

獾

动物在冬天做什么？

和驯鹿一样，有些生活在温带森林中的动物也会在冬天向南迁徙。松鼠会用树枝和树叶搭建松鼠窝抵御严寒。棕熊则在春天到来前都躲在洞穴中冬眠。

灰熊

温带森林中的哺乳动物

在温带森林中，生活着獾、臭鼬、金花鼠、松鼠、兔子、刺猬、老鼠、棕熊和鹿等动物，因此，山猫、狼和狐狸等食肉的哺乳动物也乐于把家安在那儿。

温带森林中的鸟类、爬行动物和两栖动物

老鹰、北美红雀、猫头鹰和野鸭都飞翔在温带森林的上空。日本北海道的温带森林是200多种鸟类的乐园，濒危的丹顶鹤也住在那里。

有些温带森林里还生活着束带蛇、食鼠蛇等爬行动物，以及青蛙和蟾蜍等两栖动物。其中，春雨蛙是北美洲东部的温带森林里最常见的两栖动物。

丹顶鹤

热带雨林

“热带雨林真是个荡秋千的好地方！”

热带雨林位于赤道附近。那里的平均温度有27摄氏度，气温非常高，还有大量的降雨。

热带雨林每年的降水量在2~10米之间！非洲、东南亚、中美洲和南美洲都有大片的热带雨林。

圣拉斐尔瀑布（位于厄瓜多尔的亚马逊热带雨林）

热带雨林中有多少种植物和动物?

没人知道这个问题的确切答案！每年我们都能在热带雨林中发现新的动、植物品种。虽然热带雨林只覆盖了6%的陆地面积，却生存着世界上一半以上种类的动植物，是生物种类最多的地方。

有板状根的树木

在热带雨林中，树木的根是什么样子的?

热带雨林的土壤很软，植物的根扎不了太深，只能长在地面上。有些树木长着“板状根”，它们又多又密，紧紧包裹着树干，有固定树木的作用。一些大树的板状根甚至高达9米！

猩猩

真的很神奇！

没有比家更好的地方了

一大片被树木覆盖着的广阔区域就是森林。陆地上有超过70%的动物和3亿的人类都把森林当成家园。动物生活在森林中的各个地方，它们相互为食，也为当地的人类提供食物。

白尾鹿

深呼吸

树木不仅给动物提供了美好的生存环境，同时也能净化空气。我们吸入氧气，呼出二氧化碳。树木则吸入二氧化碳，呼出氧气。因此，有树木的地方，氧气更充沛，空气更清新，我们的呼吸也更顺畅！

保护树木，保护地球

有了你的保护，树木才能茁壮成长

我们能做的

为了使树木能够健康生长，一些地方对伐木的数量做了限制。但这远远不够，每个人都应该为保护树木尽一份力。否则，它们就不能继续为我们提供所需要的东西了——尤其是清新的空气！

那么，我们能做些什么呢？首先，可以把使用过的纸循环利用。纸来源于树木，节约用纸能减少树木砍伐。

向“将军”致敬

“谢尔曼将军”是谁？你肯定想不到，它其实是美国加州红杉国家公园里一棵巨大的红木！“谢尔曼将军”足足有83.8米高，根基部超过30米宽，是世界上最大的树。世界上最高的树也生活在这个公园里，它叫作“亥伯龙神”，也是一棵红木。

种一棵树

种树是个非常不错的主意。你可以把它种在自己生活的地方，也可以把钱捐给世界各地种树的机构，让他们把树种到更需要的地方。

加州红杉国家公园里的“谢尔曼将军”树

亚马逊
热带雨林

南美洲的亚马逊热带雨林是世界上最大的热带雨林，它覆盖了9个国家，世界上所有其它热带雨林的面积加起来也没它大！

亚马逊热带雨林占地688万平方千米，一半以上位于巴西，同时延伸到秘鲁、玻利维亚、哥伦比亚、厄瓜多尔、法属圭亚那、圭亚那、苏里南和委内瑞拉等8个国家境内。

亚马逊热带雨林

亚马逊热带雨林里的动物

亚马逊热带雨林是陆地上动物种类最多的栖息地。绢毛猴、蜘蛛猿、卷尾猴和红吼猴在树木间荡来荡去。野猪的表亲——貒猪在地上觅食。世界上最大的啮齿动物——水豚也生活在这里，它有1.2米长，体重能达到54千克！蝙蝠是亚马逊热带雨林里最常见的哺乳动物，足足有750多种蝙蝠在林中飞翔！

貒猪（野猪的一种）

木棉种子

亚马逊热带雨林里的树木

亚马逊热带雨林里生长着各种各样的树木，其中包括号角树，号角树通常有18~40米高，结出90万颗种子！棕榈树和木棉也很有名。有的木棉几乎可以长到60米高！

亚马逊热带雨林里的爬行动物、两栖动物和鱼类

亚马逊热带雨林里有很多蛇！那儿有世界上最大的蛇——蟒蛇，它身长9米，重达230千克，堪称亚马逊热带雨林之王！凯门鳄和食人鱼生活在共同的水域里，其中有4种食人鱼是吃肉的！

亚马逊热带雨林里还住着青蛙和蟾蜍，其中，毒镖蛙像宝石一样鲜艳、漂亮！

吸血蝙蝠

刚果盆地雨林

“6个国家？
那可真大呀！”

非洲刚果盆地横跨了中非和西非的6个国家，盆地里的雨林是仅次于亚马逊热带雨林的世界第二大雨林。

刚果盆地雨林占地181万平方千米，占地球上热带雨林总面积的18%。

非洲加蓬共和国的敏科贝森林

黑猩猩

刚果盆地的地形

盆地的地形多变。海岸附近的地形十分平坦，越往内陆海拔就越高，甚至能够形成山地。

刚果河有4700千米，是条很长的河流，同时它也是世界上最深的河流，某些地方深达229米，而一般的河流深度不会超过30米。

刚果盆地雨林里的动物

那里生活着各种各样的动物——大约有450种哺乳动物、1150种鸟类、300种爬行动物和200种两栖动物。我们熟悉的黑猩猩和濒危的大猩猩也是那里的居民。

腿上长着黑白条纹的霍加皮是刚果盆地雨林里独有的物种。它们长得一点儿都不像长颈鹿，却是目前唯一和长颈鹿有亲属关系的动物。不过，霍加皮只有1.5米高，足足比它们的表亲长颈鹿矮了4米。

霍加皮

矛蚁袭击一只蚱蜢

雨林中的虫子

如果在雨林里行走，你得千万注意，别挡了矛蚁的道！这种蚂蚁喜欢集体行动，有时候甚至会出现2000万只矛蚁一同在地面上穿行的场面。虽然矛蚁的口部只有半厘米长，但十分有力，能够抓紧和撕裂猎物。出行时，它们决不放过途中遇到的一切食物，许多小动物都因此丧命！

它们居住在哪个森林里？

我们已经介绍了多种森林，它们为不同的动物提供了栖息地，你知道下面这些动物喜欢生活在哪种森林里吗？用线把动物和它们居住的森林连接起来。（提示：可能有多种动物居住在同一个森林里。）

1. 西伯利亚虎

针叶林

2. 赤狐

3. 灰熊

温带森林

4. 猩猩

5. 吸血蝙蝠

热带雨林

6. 松貂

答案：针叶林：1、6；温带森林：2、3；热带雨林：4、5。

迷你森林

想拥有你自己的“森林”吗？快快动手吧，和你的爸爸妈妈一起，建一座迷你森林吧。

所需工具：

1. 尺寸适中的玻璃鱼缸
2. 各种形状的小石头
3. 泥土
4. 一些你喜欢的植物（最好不要太大）
5. 剪刀
6. 水

步骤：

1. 用水洗净玻璃缸。
2. 在玻璃缸底部铺上一层小石头。
3. 在石头上铺上一层泥土，稍微铺得厚一点，方便植物扎根。在泥土上挖一些小洞。
4. 小心地把你喜欢的植物从它们原来的花盆中取出来，清除根部多余的泥土，用剪刀修剪掉坏死的叶子。
5. 把植物分别插进泥土中的小洞里面，轻拍周围的泥土，将根部覆盖住，固定好植物。
6. 浇水，保持土壤湿润。
7. 用你喜欢的小玩具、小雕塑装饰你的“森林”。

第二章

平原、沙漠和高山

地球上除了森林，还有数不清的平原、高山和沙漠，它们也是许多动植物和人类的家园。

你知道一到晚上沙漠会变得非常寒冷吗？你知道沙漠中有种动物可以7年不喝水吗？你知道草原上有一种树的树根长在地面上吗？你知道在极热、极寒的环境下有哪些动物在活跃吗？让我们一起去看看这些神奇的地方吧。

平原、沙漠和高山

无论是平地还是高山，都会有相对干旱、炎热或寒冷的区域。那些地方的草地，以及灌木丛都没有森林里的繁茂，但也有很多动物和人类在那儿生活。就算是在沙漠里，各种各样的生物也依靠它们的智慧努力地生存着。

EUROPE
欧洲
ASIA
亚洲
PACIFIC
太平洋
AFRICA
非洲
INDIAN
印度洋
AUSTRALIA
大洋洲
ANTARCTICA
南极洲

温带草原

对于生长在森林中的大树和其它植物来说，草原的气候太干燥了，但那儿还是比沙漠湿润得多。很多草原能延伸至几千米远。

大多数草原位于平原，也有些藏在小山坡甚至是高峰中。

北美野牛(生活在美国怀俄明州黄石国家公园里)

栗色羊驼

草原的分布

除南极洲以外，世界上其它地区都有草原。北美洲有北美大草原，南美洲有南美大草原，欧洲和亚洲有干草原（以旱生草本植物为主的草原），非洲则有热带草原。而在澳大利亚，草原更是绵延千里。

美洲狮

温带草原中的捕食者

只要有食草动物和杂食动物在，食肉动物便会尾随而至。美洲狮利用南美大草原茂密的草掩护自己，跟踪猎物。澳洲野狗在澳大利亚草原中奔跑。郊狼是北美大草原上最主要的捕食者。北方猞猁和沙狐则在亚洲干草原中扬威。

草原土拨鼠

温带草原中的动物

草原是食草动物的天堂。棉尾兔和土拨鼠在北美大草原中穿行，野牛家族分布在北美大草原和欧洲的干草原上，草原鹿和驼马在南美大草原中咀嚼嫩草，小袋鼠、袋鼠和兔子则栖息在澳大利亚的草原中。就连西藏的草原上，都生活着牦牛、绵羊、山羊和其它众多农场动物。

非洲大草原

“儿子，总有一天，这一切都是你的！”

非洲大草原从坦桑尼亚一直绵延到肯尼亚，约有1295万平方千米。现在，草原的大部分区域已经划入塞伦盖蒂国家公园，被保护起来。我们把这部分草原叫作“塞伦盖蒂平原”。

塞伦盖蒂平原位于非洲东部，占地大约1.5万平方千米，它是世界上最古老的热带草原。

斑马和羚羊群

塞伦盖蒂平原的地形

非洲的草原大多没有树木，因此被统称为“稀树草原”。不过，塞伦盖蒂平原是个例外，那里生长着许多刺槐和猴面包树。刺槐的树叶是伞状的，是最常见的树。猴面包树更有趣，它们的树根是往上长的，直直地伸向天空，看起来好像在倒立一样。

塞伦盖蒂平原上还有一座座花岗岩形成的小山丘，山中的裂缝是中美蛇和蹄兔的家园。

猴面包树

角马

塞伦盖蒂平原上的动物

120万只角马和50多万只斑马是塞伦盖蒂平原的主要居民，另外，爱吃种子的小鸟，以及鸵鸟、羚羊、长颈鹿、大象等食草动物也生活在这里。不过，除了享受鲜嫩多汁的青草，它们也得警惕穿行在平原上的天敌们——老鹰、秃鹫、鬣狗、狮子、美洲豹和猎豹。

季节对塞伦盖蒂平原的影响

一旦进入旱季，青草枯萎，就会有上百万的食草动物无法找到食物。为了生存，它们只能离开家，迁徙到那些草丛相对繁茂的地区。

塞伦盖蒂平原上的迁徙是世界上最大的动物迁徙。每年6月，成群的斑马、羚羊和大象便会迁徙到林地中寻找食物和水源。当雨季再次来临时，它们才动身回家。

鸵鸟

沙漠

不同沙漠的景观和温度有着天壤之别，并不是所有的沙漠都非常炎热。有些沙漠甚至十分寒冷！

阿塔卡马沙漠和安第斯山脉

非洲的纳米布沙漠

沙漠的类型

所有的沙漠都有一个共同点：干燥。世界各地都有沙漠，它们主要分为四种类型：炎热干燥型（如非洲北部的撒哈拉沙漠）、半干旱型（如非洲西南部的纳米布沙漠）、沿海型（如南美洲的阿塔卡马沙漠）和严寒型（如南极洲沙漠）。

沙漠是地球上昼夜温差最大的地区。因为干燥的空气很难保留住太阳的热量，所以一旦太阳落山，那里的气温就会变得非常低。

世界上最干燥的沙漠

跨越南美洲秘鲁和智利的阿塔卡马沙漠是地球上最干燥的沙漠。它位于海岸和草原之间，是一段960千米长的条形地带，其中的某些地方，从来没有下过一滴雨！而那些有降水的区域，每年的降水量也只有不到2毫米。

沙漠中的水

很多沙漠中都有水，它可能是地下的泉水，也可能是山间流动的水，但都很难被发现。有水的地方就有生命，沙漠中能维持生命的肥沃绿地叫作“绿洲”。穿越沙漠的旅行者都希望能在艰苦的旅程中遇到一片绿洲，以便休息整顿，恢复体力。

撒哈拉沙漠中的奥巴里绿洲

沙漠生活

“啊，我真庆幸自己没有逃到沙漠中！”

沙漠里的生活条件很恶劣：白天炎热，夜晚寒冷，水和食物都很稀少。

柱仙人掌是美国最大的仙人掌——它们高达18米，吸满雨水后，重达2177千克！

柱仙人掌（位于美国亚利桑那州烛台掌国家保护区）

沙漠中的动物

不管在哪儿生活，动物都需要食物和水。虽然沙漠中的植物大多有刺，但这并不妨碍它们成为动物的美食。昆虫从花中吮吸花蜜，啮齿动物和鸟类则通过吃种子摄取水分。

有些动物的身体能够储存水。比如，骆驼的驼峰重达36千克，它就像个“急救箱”，里面贮存着大量可以转化为水分的脂肪。

豹纹壁虎也有这个本领，粗壮的尾巴就是它们的“小水箱”。

澳大利亚保水蛙更神奇，它们从不害怕旱季，只要钻入地下，不受炙烤，它们身体中储存的水分足够自己用上7年！

澳大利亚保水蛙

豹纹壁虎

植物如何在沙漠中生存

为了生存下去，沙漠中的植物都很善于收集水分。它们的根部能够吸收沙子里的水分，叶子则能够吸收露水、薄雾，还有雨水。

沙漠中常见的植物

沙漠中的大多数植物属于肉质植物。肉质植物的树叶厚而多肉，表面覆盖着蜡一样的物质，能够很好地保持水分。棕榈树是最知名的沙漠树种，世界各地的沙漠里都有它们的身影。

沙漠肉质植物的另一大代表是仙人掌，它们点缀在北美洲和南美洲的沙漠中。仙人掌柱状的枝干能储存雨水，它们会随着吸水量的增多慢慢膨胀起来。

仙人掌

真的很神奇！

苔原的奇妙之处

苔原有可能是山地，也有可能是平原，却永远是寒冷的！比如在安第斯山、阿尔卑斯山或喜马拉雅山这样的高山上，苔原能从荒芜的山坡一直绵延至山峰顶端。由于高而冷，没有植物和动物可以在山峰顶端生存。

南极苔原是南极洲上一片平坦崎岖的地带，也是那儿为数不多的非永久冻土地带。夏天，苔原表面的冰会稍微融化一些，苔藓和青苔随之破土而出，海鸟和企鹅会成群结队地前往那里“过暑假”，而且海象也会钻出水面嬉戏。

桑德日斯多姆冰河(位于格陵兰)

跳岩企鹅

寒冷的苔原，温暖的地球

和世界上其它栖息地一样，苔原的面积正逐年缩小

北极熊

北极苔原

世界上最大的苔原是北极苔原，它覆盖了地球上14%的土地。在那里，夏天的气温有18摄氏度左右，冬天则会降到大约零下40摄氏度。因此，北极狐、北极狼、北极熊、北美驯鹿和燕鸥等都会在冬天向南迁徙，夏天再回来。

苔原正经历危机

苔原的最大威胁来自于气候变化。某些苔原地区，气温上升速度是全球最快的。冰层融化，这使得埋藏在冰土里的动、植物尸体暴露在空气中。尸体的分解会排放出大量二氧化碳，进一步导致全球气候变暖。

北极狐

撒哈拉沙漠

世界上最大的沙漠是位于北非的撒哈拉沙漠，它占地855万平方千米，跨越了11个国家，覆盖了四分之一的非洲大陆。

摩洛哥撒哈拉沙漠里，柏柏尔人的骆驼队

曲角羚羊

撒哈拉沙漠中的动物

大约有100种爬行动物生活在撒哈拉沙漠里，其中不乏可怕的家伙，比如有毒的角蛇，还有包括以色列杀人蝎在内的大约30种蝎子。

啮齿动物也是撒哈拉沙漠上的活跃分子，比如跳鼠和沙鼠。

濒危的曲角羚羊是撒哈拉沙漠中最大的哺乳动物，它们的身高超过1.5米，体重超过90千克。

角蛇

撒哈拉沙漠里的雨水

撒哈拉沙漠非常干燥，那里75%以上的地区每年的降水量都不足10厘米！

大约有200万人生活在撒哈拉沙漠里。为了寻找食物、水源或放牧，他们需要经常迁徙，过着半游牧的生活。从7世纪开始，非洲最古老的民族——柏柏尔人，就已经开始在撒哈拉沙漠里放牧和经商了。

骆驼

骆驼为什么能适应沙漠生活?

骆驼非常擅长在沙漠中长途跋涉，因此又被称为“沙漠之舟”。它们宽阔的脚掌能够避免行走时陷进沙子，厚厚的嘴唇适合食用多刺的沙漠植物。耳朵里浓密的毛和眼睛上长长的睫毛可以抵挡沙尘，如果风沙来得太猛，它们甚至可以将自己的鼻孔完全关闭！

灌木林

灌木是指比树木矮得多的木本植物。

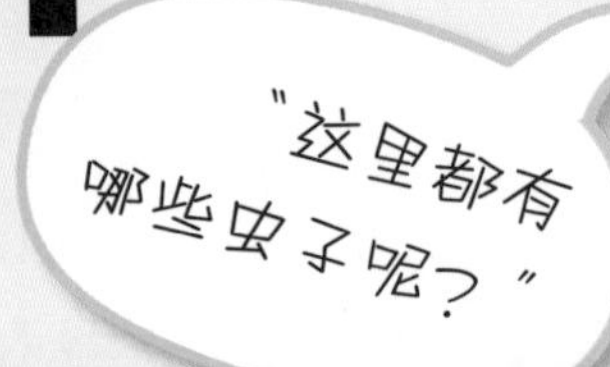

大片灌木形成的丛林，叫灌木林。

肯尼亚东非大裂谷里的灌木

灌木林的分布

除亚洲和南极洲外，世界上其它任何地方都有灌木林。灌木林覆盖的地区有平原和山地，也有草原和森林。

斑马凤蝶

玫瑰蟒

灌木林里的动物

很多动物都能适应灌木林里的生活。澳大利亚的紫晶蟒、玫瑰蟒和美国加利福尼亚州北部的红钻石响尾蛇都在那里生活得很开心。

灌木林也是鸟类的乐园。像南非的海角食蜜鸟、美国加利福尼州的鹌鹑、澳大利亚的刺嘴蜂鸟、智利的知更鸟、南美的驼鸟和欧洲的西班牙帝雕等许许多多的鸟儿都在各自的灌木林里飞翔。

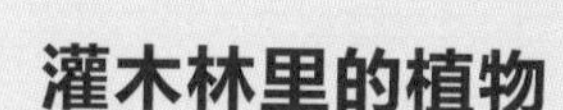

灌木林里的植物

灌木林里长着很多香料植物——牛至、迷迭香、百里香、鼠尾草等。灌木林也有一些树，但它们不会长得特别高大。澳大利亚灌木丛里最主要的树是矮桉树。南非的灌木丛里有上千种开花植物，其中包括南非的国花——鲜艳的国王山龙眼，这种花高达2米，直径有0.3米长！

停留在帝王花上的海角食蜜鸟

山

地球上大约20%的陆地都是山。大多数山都不是孤立的，它们往往高低起伏，连成一片，成为山脉。

山至少要比海平面高出500米，它们中的大多数至少有1980米高。

麦金利山脉和阿拉斯加山脉(位于阿拉斯加州德纳里国家公园)

山中的气温

一般情况下，海拔每升高91米，气温就会下降1摄氏度！因此，山的海拔越高，山顶的气温就越低。并且，随着高度的增加，空气也会逐渐稀薄，让我们的呼吸变得越来越困难。

小羊驼

山中的动物

陡峭、多石的山对别的动物来说或许是个大挑战，但对于北美洲的大角羊来说，不过是小菜一碟！由于蹄子上长着像海绵一样的肉垫，所以它们能够在岩石间自由跳跃。

血红蛋白是动物血液里一种特殊的、能够吸收氧气的物质，南美洲小羊驼的血红蛋白比大多数哺乳动物都多，这使得它们可以生活在海拔超过5千米的高山上！

世界上的高山

珠穆朗玛峰是世界上最高的山，海拔8.8千米，它是亚洲喜马拉雅山脉的一部分。

阿根廷的阿空加瓜山是南美洲的最高峰，海拔7千米，是安第斯山脉的一部分。

麦金利山是北美洲的最高峰，海拔6.1千米，它位于美国阿拉斯加州德纳里国家公园。

乞力马扎罗山是非洲的最高峰，海拔5.9千米。

厄尔布鲁斯峰是欧洲的最高峰，海拔5.6千米，它位于俄罗斯。

文森山是南极洲的最高峰，海拔4.9千米。

科修斯科山是大洋洲的最高峰，海拔达到2.2千米。

大角羊

喜马拉雅山脉

“你自个儿上山去吧，我们留在这儿等着就好！”

亚洲的喜马拉雅山脉绵延2414千米，穿越6个国家，它拥有世界最高峰——珠穆朗玛峰。

喜马拉雅山脉由100多座海拔7000米以上的高山组成，因此被称为“世界屋脊”。

尼泊尔喜马拉雅山脉的戈库峰

喜马拉雅山中的猛兽

喜马拉雅山脉里最有名的猛兽当属濒危的雪豹。它是唯一生活在山里的猫科动物，特别喜爱海拔高的地区，常徘徊在海拔2987米~5181米的陡坡上。雪豹皮毛的底色和斑点与周围的山脉十分相似，有利于它们隐藏自己，偷袭猎物。

雪豹

飞蛙

还有哪些动物也生活在喜马拉雅山?

在喜马拉雅山脉海拔较低、长有树木的地方，生存着很多动物，约有300种哺乳动物、900种鸟类、175种爬行动物、105种两栖动物和269种淡水鱼！仅在1998年到2008年的10年间，科学家就在那里发现了111种新的动物！比如生活在海拔2896米高山中的蟾蜍，以及在空中滑行的“飞蛙”。

珠穆朗玛峰是喜马拉雅山唯一的山峰吗?

当然不是！珠穆朗玛峰只是喜马拉雅山脉里最著名的山峰。还有很多对登山者来说很有挑战的山峰，比如常被人们称为“K2”的喀拉昆仑山脉，海拔8610米，是世界第二高峰；还有海拔8090米的安纳普尔纳峰，是世界第三高峰。

喜马拉雅山里的罂粟花

它们住在哪里?

你知道下面这些动植物喜欢生活在哪种环境里吗？用线把动植物和它们居住的地方连起来。（提示：可能有多种动植物居住在同一个环境里。）

1. 猴面包树

非洲大草原

2. 鸵鸟

3. 仙人掌

沙漠

4. 斑马凤蝶

5. 食蜜鸟

灌木林

6. 骆驼

答案：非洲大草原：1、2；沙漠：3、6；灌木林：4、5。

试着看图回答下面的问题。

1. 图中描述的是哪一种自然环境？
2. 图中一共有几种动物？
3. 你能叫出这些动物的名字吗？
4. 你知道还有哪些动物也生活在这种自然环境中吗？

答案：1.非洲草原；2.5种；3.长颈鹿、斑马、大象、狮子、老鼠；4.羚羊、鸵鸟、角马、猎豹等。

第三章

水　域

由于大部分的地表都是水，所以地球有个美丽的别名——“蓝色大理石”！水中的世界同样精彩，准备好和我一起去见识一番了吗？

珊瑚礁五颜六色，看起来很漂亮吧！但是你知道吗？它其实是一种动物！你知道深海里的动物能发光吗？你知道什么是海里的“黑烟囱”吗？你知道水污染正严重威胁着人类和动植物的生存吗？我们该做些什么来拯救我们的地球？带着这些问题，让我们去“潜水”吧！

水域

由于表面大部分都被水覆盖着，所以地球又被称为“巨大的蓝色大理石”。这些水域大部分是海洋，还有河流、溪水和湖泊，它们一起维持着地球上动、植物的生命。

EUROPE
欧洲
ASIA
亚洲
PACIFIC
太平洋
AFRICA
非洲
INDIAN
印度洋
AUSTRALIA
大洋洲
“蓝色大理石？真美！”
ANTARCTICA
南极洲

大洋

"爸爸，大洋实在太大了，我觉得自己成了只小小的孔雀鱼！"

欢迎来到世界上最大的栖息地——大洋。虽然世界上只有五大洋，却覆盖了地球四分之三的表面。不仅如此，大洋还是地球上97%的水分的来源。

大洋和海有什么区别？严格来说，海比大洋要小，主要分布在陆地和大洋交接的地方。

毛伊岛的纳海滩

地球上的五大洋

太平洋。太平洋从亚洲和大洋洲的东海岸一直延伸到北美洲和南美洲的西海岸，它覆盖了地球表面的三分之一，是世界上最大的大洋。

大西洋。大西洋的面积约是太平洋的一半，它位于北美洲和南美洲的东海岸，以及欧洲和非洲的西海岸。

印度洋。东南亚海岸、非洲东海岸和大洋洲西海岸都属于印度洋的范围。

南冰洋。南冰洋位于南极洲的附近。

北冰洋。北冰洋是最小的大洋，有些人认为：它只能算是一片海洋。

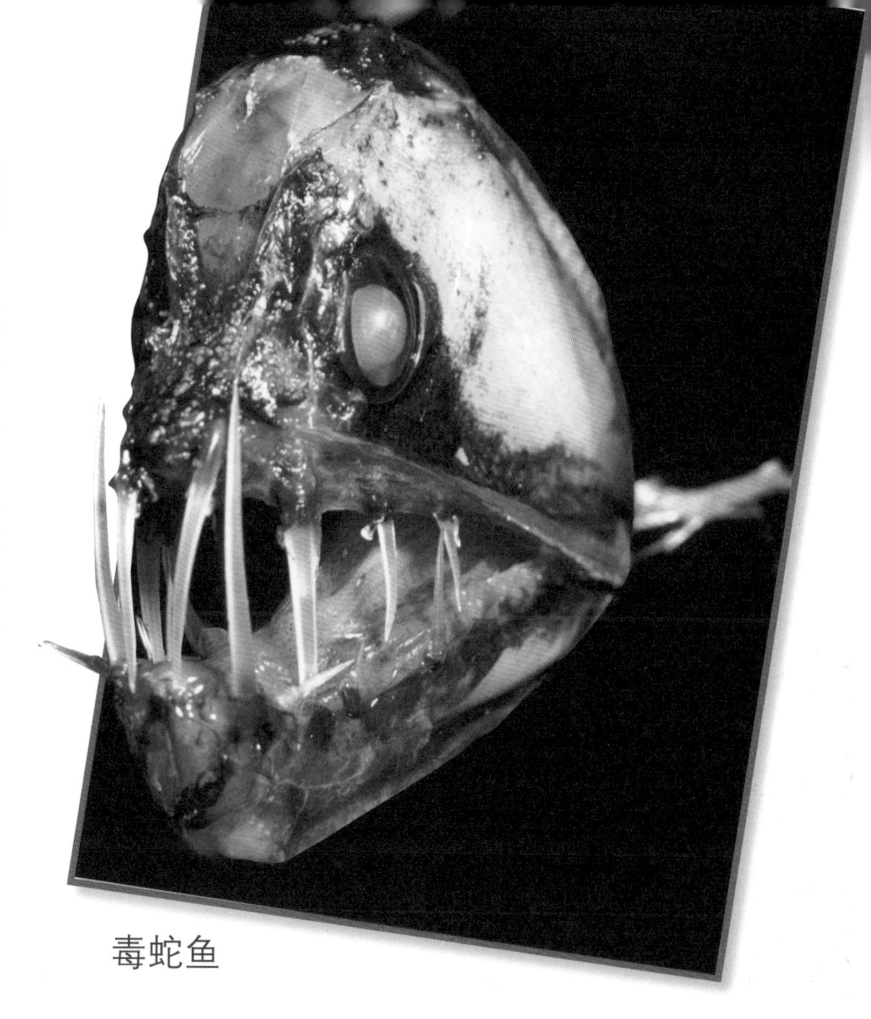
毒蛇鱼

大洋内部

大洋有几千米深，主要分为三大层。表层带，又叫“透光层”或“阳光层”，那里的阳光很充足。接下来是中层带，由于比较阴暗，又叫“暮光层”。深层带，又叫“午夜层”。那里是大洋的底部，全年笼罩在一片黑暗之中。

大洋中的动物

大洋是鲨鱼、鲭鱼、龙鱼和金枪鱼等很多鱼类的家园，也是海龟、海狮、水母、章鱼和抹香鲸生活的地方。

海狮

大洋深处

“我不要去大洋深处，天黑之前回家才是好孩子！”

大洋的深层带是个很特别的地方，科学家在那里发现了很多奇妙的现象！

在大洋的深层带，水压达到了每平方厘米440千克，大得令人惊讶！

琵琶鱼

大洋深处的动物

巨型乌贼、某些鳗鱼和鲨鱼生活在大洋的深层带。抹香鲸也能够下潜到深层带，捕食它们最喜欢的乌贼。

大西洋中的黑烟囱

深层带中一丝阳光都没有吗?

大洋的深层带里一丝阳光也没有，所以那里的水温从来不会高过4摄氏度。但生活在那儿的生物并不觉得害怕，它们中的大多数都可以发光，比如灯笼鱼就可以发出蓝色的亮光。

发光生物通过亮光吸引异性或猎物，同时也可以用亮光分散捕食者的注意力，趁机逃生。

美洲大赤鱿和戴水肺的潜水员

什么是“黑烟囱”？

大洋深处有一系列叫作“洋中脊”的山脉，它们非常巨大，是世界上最大的山脉。而且这类山大多数是火山！

这类海底火山的顶部有裂缝，冰凉的海水从裂缝流进山后，被里面滚烫的岩浆加热，然后喷出，喷出的海水看起来就像是黑色的烟雾，所以被称为“黑烟囱”。

抹香鲸

"这里真是太美了！"

珊瑚礁分布在温暖、清澈的热带水域中，海洋里有很多呈山丘状的礁石，它们都是由珊瑚构成的。

上百种植物和动物生活在珊瑚礁的夹缝中，还有一些动物来这里寻找食物或者躲避捕食者。

珊瑚礁

什么是珊瑚?

珊瑚是由一种叫作“息肉”的小动物组成的。息肉有一个本领，就是长到足够大时，能够褪去骨架，当危险来临时，就跑到骨架后躲避。息肉喜欢上千只连在一起生长，它们褪下的骨架就组成了珊瑚礁。因此，珊瑚虽然看起来很像岩石，但其实是动物!

世界上有几百种不同种类的珊瑚，有些软，有些硬。硬珊瑚看起来像岩石，软珊瑚看起来像植物或是羽毛，但它们其实都是真真正正的小动物!

澳大利亚大堡礁

白头礁鲨

世界上有多少种珊瑚礁?

靠近海岸的珊瑚礁被称为“岸礁”，“堡礁”则离岸远一些。还有一些珊瑚礁生长在海洋死火山的周围，叫作“环礁”。

澳大利亚的大堡礁是世界上最大的珊瑚礁，一共绵延1900多千米。

珊瑚礁里的生物

珊瑚礁是很多生物的乐园。海藻在那里疯狂生长，海马、海龙、海龟、海绵、海葵、海胆和海参在那里嬉戏，连白头礁鲨等鲨鱼也都在那里安家。

珊瑚礁里的虾虎鱼和濑鱼也被叫作“清洁鱼”，它们体型很小，既捕食寄生生物，也吃黑石斑鱼、条纹鲀等大鱼身上掉下来的碎渣。

珊瑚礁

布满岩石的海岸边通常会形成潮汐池，那里活跃着很多动植物。

海水在太阳和月亮的引力下会出现有规律的涨落现象，这就是潮汐。

葡萄牙北部海岸的潮汐池

太平洋沿岸的潮汐池

潮汐池中的挑战？

潮汐池的水温、含氧量、含盐量和接收到的阳光每天都不同，生活在那里的动植物必须时刻面对变化多端的环境。植物有可能因为过多的阳光而干枯，一些小动物（比如贝类）则有可能被海浪冲到海洋中去。

海参

什么是潮汐池？

在大多数海边，一天会有两次涨潮和两次退潮。涨潮时，海水冲上海岸，退潮时，海水退回海里。

退潮时，有些海水随着地势流到岸上的岩石圈或浅滩中，这样就形成了潮汐池。

海葵

潮汐池中的动物

大多数生活在潮汐池中的动物都是无脊椎动物，比如水母、海绵和海葵。海参生活在海中，但常常被涨潮带到岸边。为了躲避捕食者，它们会将身体里的器官都吐出来，转移捕食者的注意力。不过我们不用为它们担心，只需要几天时间，它们就能长出新的器官！

海鸥

真的很惊人！

海滩上的垃圾

清洁挑战

和其它栖息地一样，水域也面临着严重威胁。由于全球变暖和其它气候变化的影响，水中和沿岸生物的生态平衡早已出现波动。事实上，水域是最易受到污染的栖息地之一。

墨西哥湾漏油事件

世界上最严重的一次水污染发生在墨西哥湾。2010年4月20日，墨西哥湾的一个海中油井突然爆炸，不但导致11名工作人员死亡，还使得石油泄漏持续了将近3个月！等到事态被控制住时，已有77万立方米的石油泄漏，给当地捕鱼业、旅游业和石油业带来了总计几十亿元的损失。而当地植物和野生动物更是遭遇灭顶之灾，超过6000只鸟、600只海龟和100只哺乳动物因此丧生！

墨西哥湾的石油燃烧

匈牙利的人们正在试图挽救一起生态灾难

多瑙河变成了红色

2010年10月4日，匈牙利发生了一起惊人的事故：一个污水池决堤了，池内的水含有铝厂的毒素，释放了大量红泥，流入毛尔曹尔河，导致河内的鱼类全部死亡。不仅如此，被污染的河水接着流入多瑙河，使这条欧洲著名的主要水道变成了红色！

我们能做些什么

虽然不能阻止大灾难，但我们可以为保持地球上水资源的清洁出一份力。不使用塑料制品，清理海滩边的塑料袋、餐具和瓶子等垃圾，都是很好的行为。如果有条件，你还可以参加或组织一个当地的水资源清洁小组。

水污染的最大源头

2011年，可怕的地震和海啸袭击日本，破坏了那里的核电站，导致含有放射性物质的水泄漏到太平洋中。这是一场可怕的灾难，但其实，这种规模的泄漏，世界上每天都在发生！水污染的最主要源头是流入下水道的油渣和其它污染物。下雨或人们洗车、浇灌草坪的时候，脏水会卷着其它污染物流入下水道，而这些受到污染的水最后都会流入江河或海洋中。

河流

“会放电的电鳗？够震撼！”

河流是长长的、流动的淡水，它们分布在每个大陆上——包括寒冷的南极洲！

像高速公路一样，河流在陆地上交错分布。通过走水路，人们可以到达很多陆地交通难以到达的地方。

明尼哈哈瀑布(位于明尼苏达州，明尼阿波里斯市)

河流的源头和终点

河流的源头可以是湖泊、融化的冰雪或是汇聚到一起的小溪。那里地势比较高，河水会随着地势流向更低、更平坦的地面，最后到达终点——河口。河口是指河流与湖泊、海洋相接的地方。

鸭嘴兽

最长的河流

非洲的尼罗河是世界上最长的河流。它总长6690千米，流经埃及、埃塞俄比亚、刚果、肯尼亚、乌干达、坦桑尼亚、卢旺达、布隆迪和苏丹等国。

亚马逊河是南美洲最长的河流，约长6437千米。

中国的长江是亚洲最长的河流，约长6397千米。

密西西比河是北美洲最长的河流，约长3766千米。

默里—达令河是大洋洲最长的河流，约长3718千米。

伏尔加河是欧洲最长的河流，它穿越俄罗斯中部，有3685千米。

南极洲东部的玛瑙河只有32千米长，它由融化的冰川形成，常年冰冻，仅在夏天有2个月的流动期。

有趣的河中动物

鸭嘴兽是澳大利亚河流里特有的动物。世界上能够产卵的哺乳动物只有3种，鸭嘴兽便是其中的一种。鸭嘴兽的尾巴和海狸的尾巴很像，喙则像鸭嘴，方便它们寻找水生贝类动物和蠕虫。

电鳗生活在亚马逊河中，这种鱼可以放电，电量足以吓跑或是杀死猎物！

电鳗

湖泊

“湖泊看起来就像是一个巨大的鱼池！”

跟河流和小溪一样，大多数湖泊都是淡水湖。不同的地方在于，湖泊是静止而封闭的，就像一个巨大的水池。

世界各地广泛分布着天然湖和人造湖。

位于以色列和约旦的盐水湖——死海

帕劳境内的咸水湖——水母湖

创纪录的湖

位于俄罗斯西伯利亚的贝加尔湖是世界上最深的湖，它有1646米深。

的的喀喀湖是世界上海拔最高的湖，它位于南美洲秘鲁和玻利维亚交界处，海拔足足有3820米！

加拿大是湖泊最多的国家，其中，占地3.1万平方千米的大熊湖最有名。

芬兰被称为“千湖之国”，将近有19万个湖泊分布在它的境内！

什么湖最大？什么湖最咸？

西亚的“里海”其实是一个湖，占地约37万平方千米。它的独特之处在于：北部是淡水，南部却是咸水！

非洲吉布提的阿萨勒湖是世界上最咸的湖，比海水还要咸10倍！盐可以使水变稠，浮力变大，和在淡水中相比，物体更不容易下沉。

世界上的大湖

北美洲的五大湖是世界上最大的湖泊群。它们横跨加拿大和美国，占地约21万平方千米，也是地球上最大的淡水系统。五大湖中，苏必利尔湖最大，面积达8.2万平方千米，接下来依次是休伦湖、密歇根湖、伊利湖和安大略湖。五大湖储存了北美洲84%的淡水，相当于地球淡水总量的20%。

加拿大安大略湖边的多伦多市

湿地

有时，一块土地被浅水覆盖，就形成了湿地。这块土地表面本来有土壤和岩石，成为湿地后，这些土壤和岩石就沉到水下去了。

大多数湿地的深度不会超过2米，生长在那里的植物并不能把根扎得很深。

短吻鳄

各种不同的湿地

沼泽、沼地、浅沼地和沼池是最常见的含有淡水的湿地，它们各有特点。沼地通常只有0.9米深。沼泽表面看起来是一大片植物，却能深达7.6米！而浅沼地只不过是几厘米的水覆盖在一片吸水性良好的土壤上。

海洋湿地包括咸水湿地和泥滩。

潘塔纳尔热带湿地(位于南美洲)

红吼猴

地球上湿地的分布

除南极洲外，地球上的每个大陆都有湿地，那里生活着各种各样、非常有趣的动物。

南美洲的潘塔纳尔湿地是世界上最大的淡水湿地，也是众多动物的家园。美洲虎、吼猴、水獭、金刚鹦鹉、凯门鳄和蟒蛇都生活在那里。非洲博茨瓦纳的奥卡万戈三角洲占地1.5万平方千米，那里生存着大象、犀牛、长颈鹿和河马等各种动物。美国佛罗里达州的埃佛格雷湿地，占地2万平方千米，因生活在那里的短吻鳄而闻名。

湿地里的植物

湿地是食肉植物的聚居地，猪笼草、毛毡苔和捕蝇草都有诱捕和食用昆虫的本领！

捕蝇草

世界上的水主要分为两种：咸水和淡水，里面生活着不同的动物。你认识下图中的动物吗？请说出它们的名称，并用笔圈出生活在咸水里的动物。

1. 海葵

2. 鸭嘴兽

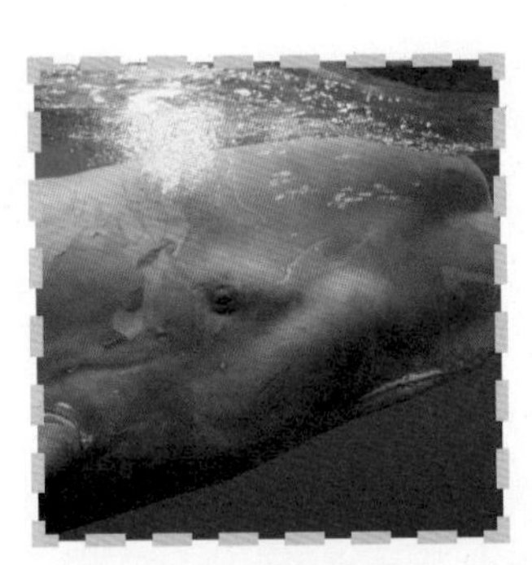
3. 抹香鲸

4. 鳄鱼

5. 琵琶鱼

6. 海狮

7. 亚马逊电鳗

答案：1、3、5、6。

保护水资源

我们生活在一个干渴的世界里，地球上最宝贵的资源就是水！水是我们必须的饮品，一旦失去水，植物将无法生存，动物也不能存活，整个世界将无法继续。让我们一起来保护珍贵的水资源吧！

让人惊讶的事实

1. 历史上最长的干旱持续了400年！

2. 如果世界上所有的水正好装满一个3.8升的桶，其中可供人类使用的淡水只有一汤匙！

3. 在没有食物的情况下，人可以生存几个星期。如果没有了水，人只能活短短几天！

节水小贴士

1. 刷牙时记得关上水龙头。
2. 多淋浴，少泡澡。
3. 不要用水管冲洗人行道，用扫帚打扫就可以了。

如果你知道更多的方法，欢迎写下来，和我们分享！

词汇表

B

板状根

从树木根基处延伸出的、位于地面上的浓密树根。板状根有加固树干的作用。

堡礁

从海岸线开始往外生长的珊瑚礁。

冰河

由冰雪形成的、能移动的大量的冰水。

C

草原

被草覆盖的大片土地，通常平坦无树。

赤道

一条想象中的位于地球中间的线，赤道周围总是很热。

常青植物

常年不落叶的植物。

潮汐

因太阳和月亮对水面的引力而形成的海水涨落。

潮汐池

潮水退去后，留在岩石和浅水滩中的水。

D

冬眠

动物在冬季里体温和心率下降、机能停滞的现象，它们会在安全的隐蔽处睡上整个冬天。

G

干草原

位于欧洲或亚洲的大草地。

H

河口

河流与湖泊、海洋相接的地方。

“黑烟囱”

海底火山喷出的热水。

L

林冠

在温带森林中，林冠指树木的顶层。在热带雨林中，林冠指树木的第二层。

林木线

山中树木生长的上限。

落叶植物

每年秋天落叶、春天再长出新叶的树木。

绿洲

沙漠中肥沃的、有水源和植物的地方。

N

泥滩

咸水湿地的一种。

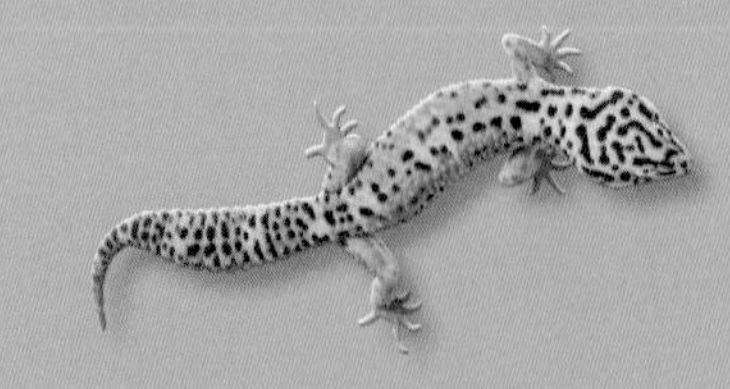

P

平原

起伏极小、海拔较低的广大平地。

Q

栖息地

动物的天然家园。

迁徙

动物在冬天离开它们的栖息地，迁移到更暖和的、食物更充足的地方，等冬天过去再返回。

浅沼地

淡水湿地的一种。

R

肉质植物

有厚而多汁的树叶和树干，善于储存水分的植物。

S

珊瑚

一种很小的动物，它们成千上万地聚集到一起，在大洋中形成珊瑚礁。

深层带

大洋中层带下面的一层，也叫“午夜层”。

生态系统

生物和它们的栖息地共同形成的自然系统。

食草动物

以植物为主要食物来源的动物。

湿地

一年之中至少部分时期被水覆盖的一片地区。

食肉动物

主要以肉为食的动物。

T

苔原

终年寒冷的平地或山地。

透光层

大洋的表层区域，可延伸到水面下约180米的深处，也叫“阳光层”。

W

无脊椎动物

没有脊椎的动物。

X

下层植被

森林中位于林冠下层的树木。

Y

夜行动物

夜晚活跃的动物。

永久冻土层

在冻土地带、北方森林和极地呈永久冰冻状态的土地或岩石。

Z

杂食动物

既吃植物又吃肉的动物。

沼泽

一种淡水湿地。

针叶林

冬季漫长、寒冷、多雪的森林。

中层带

大洋中180米~1000米深的区域，也可以叫作“暮光层”。